Aplicação da Distribuição Normal Reduzida na Definição de Nível Crítico

Série Nutrição de Plantas Aplicada

Volume 1

Edilaine Istefani Franklin Traspadini

Paulo Guilherme Salvador Wadt

Jairo Rafael Machado Dias

Raquel Schmidt

Daniel Vidal Perez

W47 Traspadini, E. I. F.; Wadt, P. G. S.; Dias, J. R. M.; Schmidt, R.; Perez D. V.

Aplicação da Distribuição Normal Reduzida na Definição de Nível Crítico. Wadt, P.G.S (editor). Porto Velho: Núcleo Regional Amazônia Ocidental da Sociedade Brasileira de Ciência do Solo. 2014.

47p.

Bibliografia

ISBN-13: 978-1500901714

ISBN-10: 1500901717:

1. Nutrição de Plantas. 2. Diagnose Foliar. 3. Adubação. I. Traspadini, Edilaine Istefani Franklin. II. Wadt, Paulo Guilherme Salvador. III. Dias, Jairo Rafael Machado. IV. Schmidt, R. V. Perez, Daniel Vidal. VI. Título.

CDU 631.811

SOBRE A SÉRIE NUTRIÇÃO DE PLANTAS APLICADA

A série Nutrição de Plantas Aplicada tem como principal objetivo a tradução de técnicas de nutrição de plantas para uso por serviços de consultoria, assistência técnica e empresas de extensão rural, bem como para o ensino da graduação e da pós-graduação na área de agronomia.

Este primeiro volume aborda a obtenção dos valores de referência do Nível Crítico pelo método da Distribuição Normal Reduzida. O Nível Crítico é necessário para a interpretação do estado nutricional das plantas.

O método do Nível Crítico consiste de uma ferramenta de fácil utilização para a interpretação do estado nutricional das plantas; porém, a obtenção dos valores de referência exige a realização de ensaios de calibração em vários locais e anos, o que onera em tempo e recursos a obtenção desses valores padrões.

Por este motivo, priorizou-se neste primeiro momento a utilização do método da Distribuição Normal Reduzida por ser uma técnica que possibilita o uso de dados de monitoramento nutricional para a obtenção dos valores de referência, em substituição aos ensaios de calibração.

O método da Distribuição Normal Reduzida foi escolhido devido ser de fácil aplicação, não requerer cálculos exaustivos e resultar em valores de referência adequados e compatíveis com aqueles obtidos nos ensaios de calibração.

Paulo Guilherme Salvador Wadt

Editor Técnico

.

Sumário

DEDICATÓRIA

Os autores dedicam esse livro a Celsemy Maia, principal mentor do método da Distribuição Normal Reduzida para o cálculo do Nível Crítico.

AGRADECIMENTOS

Ao Conselho Nacional de Desenvolvimento Científico e Tecnológico, que possibilitou essa obra por meio da bolsa de Produtividade em Desenvolvimento Tecnológico e Extensão Inovadora ao editor.

.

PRINCÍPIOS DA AVALIAÇÃO NUTRICIONAL DAS PLANTAS PELO MÉTODO DO NÍVEL CRÍTICO

A avaliação do estado nutricional das plantas consiste em determinar a condição de que cada um dos nutrientes encontram-se na planta ou cultura, com o objetivo de estabelecer um relacionamento entre o estado deste nutriente na planta e sua capacidade produtiva.

Existem diversas técnicas que podem ser utilizadas para a avaliação do estado nutricional, como a diagnose visual da planta ou partes da planta, diagnose foliar, testes bioquímicos e outras avaliações indiretas, como determinação do teor de clorofila.

Considerando-se todas as técnicas existentes para a avaliação do estado nutricional das plantas, a diagnose foliar destaca-se como um dos mais importantes, porque as outras técnicas, ou são medidas indiretas (teor de clorofila nas folhas e testes bioquímicos) ou, como a diagnose visual, depende de certa experiência do técnico, além de apresentar o inconveniente de que quanto os sintomas são visíveis, os danos podem ter já comprometido grandemente a produtividade da cultura.

Basicamente, a diagnose foliar consiste na interpretação dos teores dos nutrientes em determinado tecido vegetal, normalmente folhas recém maduras de ramos produtivos, de amostras obtidas em determinado estádio fenológico do desenvolvimento da cultura.

Na diagnose foliar, os teores dos nutrientes nas folhas, ou simplesmente teores foliares, podem ser interpretados por diferentes métodos, dentre os quais, o mais usual é de fácil aplicação é o método do Nível Crítico.

Pelo método do Nível Crítico, os nutrientes nas folhas são classificados em duas zonas: de deficiência e de suficiência (ou consumo de luxo).

A zona de deficiência consiste na faixa de teores de nutrientes na folha abaixo do valor do Nível Crítico. A zona de suficiência consiste nos valores acima do Nível Crítico.

Considera-se que na zona de deficiência, a planta tende a aumentar sua produção com o fornecimento do nutriente. Este será absorvido e, como a resposta haveria o crescimento e maior produção da planta, acompanhado de pequenos aumentos nos teores. Nesta situação, o incremento por unidade de nutriente oferecido é alto.

Na zona de suficiência, o aumento da produção é pequeno ou nulo com o aumento da disponibilidade do nutriente, em situações em que pode haver aumento do teor sem qualquer aumento da produtividade, motivo pelo qual essa zona denomina-se também de zona de consumo de luxo.

Considerando-se que é possível aumentar a disponibilidade dos nutrientes por diferentes técnicas agronômicas, sendo a principal delas a aplicação do nutriente via adubação, pode-se adotar a interpretação do estado nutricional para orientar no manejo das adubações a serem feitas.

Assim, quando o nutriente encontra-se na zona de deficiência, espera-se que a maior disponibilidade do nutriente para a planta resultará em aumento da produtividade da cultura; por outro lado, na zona de suficiência, não haverá ganhos de produtividade com o aumento da disponibilidade do nutriente.

O Nível Crítico foliar, portanto, é o valor de referência que é usado para a interpretação do estado nutricional, ao se contrastar a concentração de um nutriente em um determinado órgão da planta com o valor de referência obtido a partir de ensaios de calibração.

O ensaio de calibração é o principal processo para se obter os valores de referência que são determinados pela correlação ou proporcionalidade existente entre o teor do nutriente no tecido e a produtividade da planta ou cultura.

Em linhas gerais, o processo de diagnose foliar envolve as seguintes etapas:

1) amostragem das plantas e das folhas (ou outro tecido ou órgão definido como objeto de avaliação) por meio de um procedimento exequível e padronizado;

2) quantificação dos nutrientes na amostra por meio de uma rotina analítica verificável e reproduzível;

3) obtenção de padrões nutricionais para o diagnóstico nutricional, disponibilizados para cada espécie cultivada ou condição de manejo tecnológico;

3

4) processo confiável para a interpretação dos resultados analíticos a partir de padrões nutricionais;

Assim, espera-se que os valores nutricionais identificados em determinado estádio fenológico da planta sejam capazes de refletir de forma adequada sua disponibilidade para todo ou maior parte do ciclo de crescimento da cultura. Ou seja, capaz de indicar a intensidade dos processos metabólicos que determinam a produtividade da respectiva cultura.

Portanto, para a aplicação do método do Nível Crítico, torna-se fundamental determinar os valores de referência para cada um dos nutrientes que se pretende avaliar.

Para definir-se esse valor, normalmente, faz-se uso de ensaios de calibração. Nestes ensaios, são instalados experimentos com várias repetições, onde se avalia o fornecimento de um dado nutriente em condição em que todos os demais fatores são mantidos em condições não limitantes ou em quantidades ótimas.

Os ensaios são feitos com base na Lei do Mínimo (= Lei de Liebig): o nutriente que estiver presente em menor quantidade quanto à proporção de sua demanda pela planta tende a ter o principal efeito limitante na definição da produtividade vegetal.

Portanto, nos ensaios de calibração, a condição fundamental será manter todos os demais nutrientes e fatores de crescimento em níveis ótimos, e assim testar o efeito da aplicação de doses crescentes do nutriente sem que haja limitação por nenhum outro fator.

Outra condição importante no ensaio de calibração é que não

ocorra interação com os demais fatores de produção, ou seja, as variações da dose do nutriente sendo calibrado serão feitas sempre com os demais fatores mantidos na mesma proporção, eliminando-se assim os efeitos das interações.

Atendidas essas condições, o Nível Crítico pode ser definido como o teor correspondente a 90% da produtividade econômica máxima obtida, a qual é derivada da curva de calibração (Figura 1).

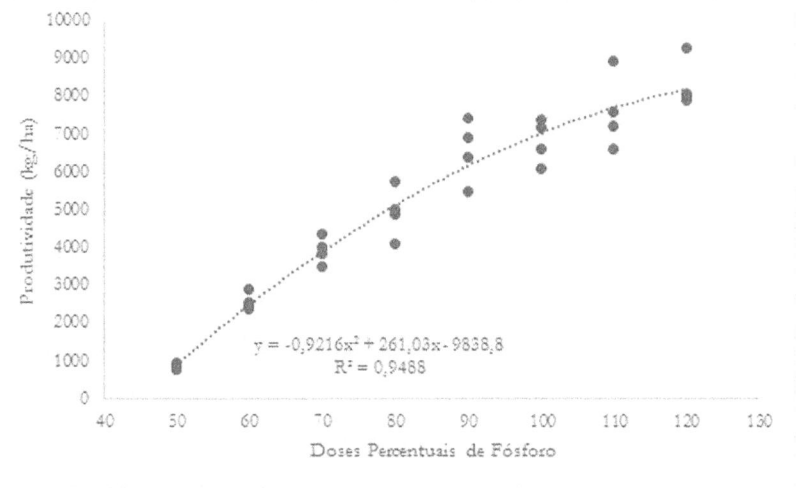

Figura 1. Curva de calibração teórica para a determinação do Nível Crítico foliar de P em uma cultura hipotética (Fonte Wadt & Dias, 2014).

Uma das fraquezas destes procedimento é que em condições de campo ocorrem várias interações entre os nutrientes, sendo que cada um possui níveis distintos de disponibilidade, o que não é considerado no processo de calibração para obtenção dos valores de referência.

Por isto, a tendência é que, quanto maior a quantidade de dados a serem analisados, menor será a correlação entre o teor do nutriente e a produtividade. Essa menor correlação não deve ser interpretada como independência da produtividade à disponibilidade do nutriente, mas na atuação de inúmeros outros fatores e interação entre os nutrientes que passam a ser também limitantes da produtividade.

Esse é o cenário que ocorre nos plantios comerciais. Cada cultura representa um conjunto de fatores distintos, e por mais que haja uniformidade no manejo, diferenças nas características do solo, da luminosidade, na qualidade da água de irrigação ou na disponibilidade hídrica, do desenvolvimento radicular das plantas e na disponibilidade dos nutrientes no solo, resultarão em diferentes interações, fazendo com que a resposta à adição dos nutrientes limitantes não siga o modelo observado nos ensaios de calibração, mas, sim, apresente respostas mais complexas e de difícil interpretação.

Isto leva a necessidade de estabelecer valores de referência para o método do Nível Crítico que sejam calibrados localmente, ou seja, para cada condição de manejo deve-se estabelecer as respectivas curvas de calibração e assim definir os valores de referência específicos para essa condição, exigindo portanto, uma grande rede de ensaios de calibração para cada condição agroecológica.

Celsemy Maia e colabores propuseram em 2001 (Maia et al., 2001) uma alternativa para o obtenção dos valores de referência, que dispensa a utilização de ensaios de calibração.

O processo proposto permite que se obtenha os valores de

referência, para cada região de cultivo, a partir de dados de monitoramento nutricional de lavouras comerciais, ou seja, sem a necessidade de instalação de ensaios de calibração. Pelo método proposto, pode-se simplesmente realizar o monitoramento (acompanhamento e registro) do estado nutricional e da produtividade de um determinado número de lavouras comerciais.

Realizando-se esse monitoramento das lavouras comerciais, pode-se a seguir aplicar técnicas matemáticas e estatísticas simples para a obtenção dos valores de referência para o método do Nível Crítico. A esse novo método os autores denominaram de método da Distribuição Normal Reduzida.

No capítulo seguinte, faz-se uma breve descrição dos princípios estatísticos e matemáticos utilizados para a obtenção do Nível Crítico, para depois, apresentar-se o passo a passo para a obtenção dos valores de referência a partir de um conjunto de dados de monitoramento nutricional.

Os dados utilizados no exemplo estão disponíveis no Anexo A desta publicação.

O MÉTODO DA DISTRIBUIÇÃO NORMAL REDUZIDA NA DEFINIÇÃO DO NÍVEL CRÍTICO.

O método da Distribuição Normal Reduzida foi desenvolvido por Celsemy Maia e colaboradores (Maia et al., 2001) com o objetivo de possibilitar a obtenção de valores de referência (níveis críticos dos nutrientes) de forma rápida e sem a necessidade de cálculos complexos ou de exaustivos ensaios de calibração.

A premissa fundamental é que, até certo ponto, a produtividade de uma lavoura seja proporcional ao teor do nutriente na folha (tecido ou órgão utilizado para a avaliação do estado nutricional).

Essa premissa, embora não facilmente verificável em condições de campo, onde inúmeros fatores concorrem, junto ao nutriente em análise, para a definição da produtividade (Figura 1), foi usada para estabelecer o procedimento para o cálculo do nível crítico.

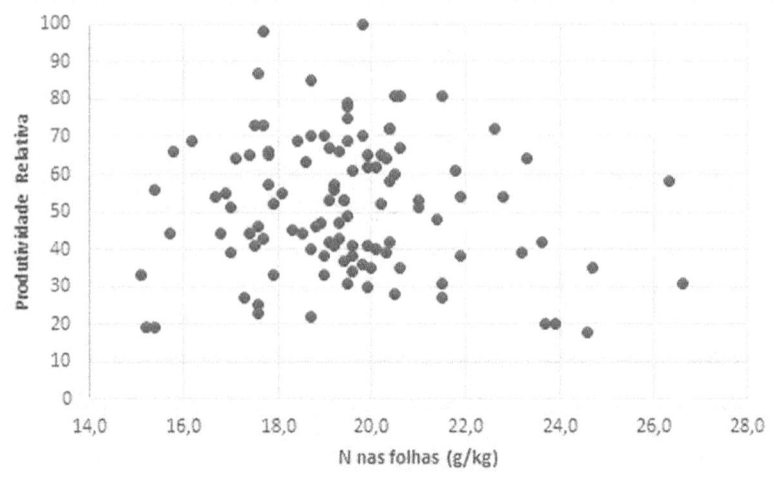

Figura 1. Relação entre teor de N nas folhas e a Produtividade Relativa de 112 lavouras comerciais de café canéfora no Estado de Rondônia, Brasil.

Os autores arguiram que, havendo proporcionalidade entre a produtividade e o teor do nutriente, poder-se-ia definir que:

$Q = R/n$

Onde: Q representa a proporção entre a produtividade e o teor de um nutriente qualquer; R = produtividade da lavoura e n = teor do nutriente.

Logo, definiu-se então que

Sendo $Q = R/n$, portanto, $n = R/Q$

A segunda premissa feita pelos autores foi que, aceita essa proporcionalidade, o nível crítico dos nutrientes (ni) pode ser obtido pelo valor correspondente da produtividade que corresponda a 90% da produtividade máxima.

Ou seja:

ni = R(90)/Q(90)

Onde, ni representa o teor do nutriente que corresponde a 90% da produtividade máxima, R(90) representa o valor crítico da produtividade acima da qual se espera, sob a hipótese de normalidade, que sejam observados apenas 10% das produtividades; Q(90), valor crítico do quociente Q, acima do qual se espera, sob hipótese de normalidade, que sejam observados apenas 10% dos valores de Q.

Neste sentido, a terceira premissa aceita é que os valores de produtividade (Figura 2) e da proporcionalidade entre a produtividade e o teor do nutriente (quociente Q) (Figura 3) tenham distribuição normal. Caso não tenham distribuição normal, basta fazer a transformação logarítmica, ou pela raiz quadrada, dos dados.

Assim, os valores de R(90) e Q(90) podem ser estimados pela distribuição normal reduzida, de forma que:

ni = R(90)/Q(90)= [1,281552sr + xr]/[1,281552sq + xq),

Onde: sr e xr correspondem, respectivamente, ao desvio padrão e média da produtividade e sq e xq, correspondem, respectivamente, ao desvio padrão e a média do quociente Q.

Portanto, o método para a determinação do nível crítico consiste apenas em determinar as estatísticas média e desvio padrão de um distribuição de dados de produtividade e do quociente entre a produtividade e o teor do nutriente, e depois, determinar com base na equação acima o valor a ser estimado.

Se as distribuições não forem normais, faz-se a transformação dos dados e depois, recalcula-se o valor corresponde não transformado.

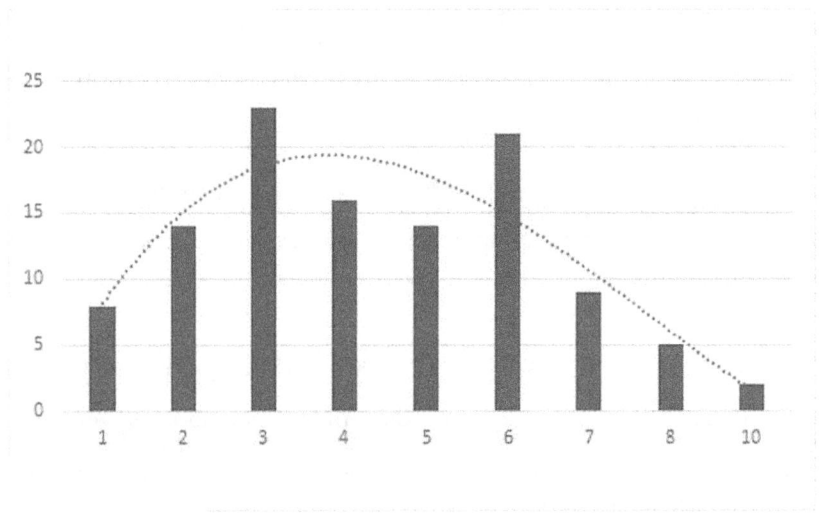

Figura 2. Classes de distribuição dos valores de produtividade relativa de 112 lavouras de café canéfora no Estado de Rondônia, Brasil.

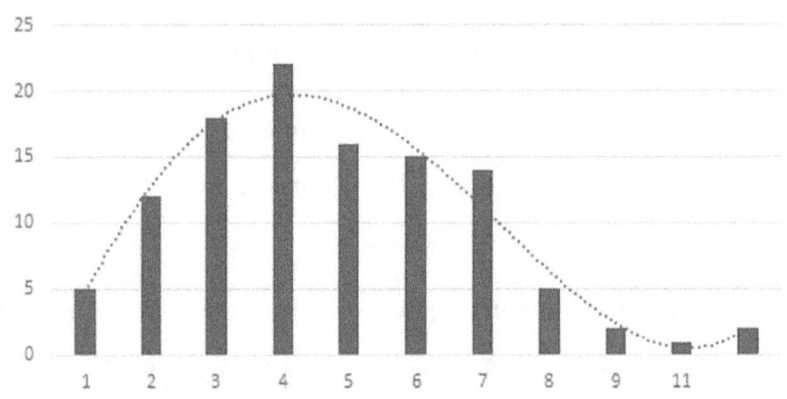

Figura 3. Classes de distribuição dos valores do quociente Q de 112

lavouras de café canéfora no Estado de Rondônia, Brasil.

Mais detalhes sobre os princípios estatísticos e o desenvolvimento da metodologia podem ser acessados no trabalho original publicado por Celsemy Maia e colaboradores (Maia et al. 2001).

No próximo capítulo será apresentado o passo a passo para a aplicação da metodologia utilizando planilha eletrônica para a realização dos cálculos.

GUIA PRÁTICO PARA O CÁLCULO DO NIVEL CRÍTICO

A planilha com dados de monitoramento nutricional

Recomenda-se que para acompanhar o passo a passo da demonstração que será feita a seguir, deve-se utilizar o mesmo conjunto de dados que usaremos no exemplo abaixo. Isto permitirá verificar cada etapa da demonstração, como também verificar se todos os procedimentos foram realizados corretamente.

Os dados que serão utilizados estão disponíveis no Anexo A. Esses dados devem ser copiados para uma planilha eletrônica, de forma que cada coluna contenha apenas um tipo de dado e o mesmo tipo de informação (por exemplo, teor de N ou identificação da lavoura).

Além disto, a primeira linha será utilizada para nomear os campos, e a segunda linha deverá conter a formatação utilizada, de forma que, a partir desta linha, as linhas subsequentes tenham a mesma formatação.

Cada linha deverá também conter todos os dados que serão utilizados, substituindo-se os dados perdidos pelo valor nulo (célula vazia) onde houve a perda de dados.

A organização dos dados em coluna e linhas consiste da estrutura básica de um banco de dados e será utilizada de agora em diante.

Quando formos iniciar um novo conjunto de dados na mesma planilha, esses deverão ser separados por uma linha ou coluna em branco, sem dados.

Portanto, a primeira tarefa é digitar os dados que estão no Anexo A para uma planilha eletrônica, seguindo-se a mesma organização utilizada no exemplo.

Podem-se utilizar diferentes tipos de planilhas eletrônicas, mas, o exemplo a que adotamos utiliza a planilha do Excel for Windows®.

A inserção dos dados pode ser feita digitando-se os valores apresentados no Anexo A ou copiando-se o arquivo diretamente da internet, no link www.dris.com.br/arquivos/dados1_schmidt.xlsx.

Será também utilizada a seguinte notação:

{ conteúdo } = abertura e o fechamento dos colchetes significam o limite da informação que deverá ser escrita dentro de uma célula da planilha eletrônica.

[indicação] = abertura e o fechamento dos colchetes significam o endereço da célula da planilha eletrônica que deverá ser inserido o conteúdo.

= sinal de igualdade ou de atribuição. Por exemplo, [indicação] = { conteúdo } significa atribuir o conteúdo de { conteúdo } no local indicado em [indicação].

"" = este é um padrão adotado pela planilha do Excel em que a abertura e fechamento de aspas duplas, sem nenhuma informação contida dentro, indica um valor nulo. Se houver qualquer informação, entre a abertura e o fechamento das aspas duplas, significa que a informação é um valor texto. Não se deve também confundir zero com valor nulo. Zero é uma informação de quantidade; valor nulo é ausência de informação.

O banco de dados de monitoramento nutricional

Após baixar o arquivo em seu computador, nomeie com o nome que desejar, mas podem utilizar o mesmo nome aqui utilizado: dados1_schmidt.xlsx.

O arquivo conterá na primeira coluna, a identificação das amostras. A segunda a sexta coluna conterá os teores dos nutrientes, em g kg^{-1}. A sétima coluna conterá a estimativa da produtividade. No caso presente, estamos apresentando a produtividade relativa (R).

A produtividade relativa corresponde a produtividade observada em cada lavoura em relação a máxima produtividade observada para a amostra utilizada. Qualquer outra medida de produtividade pode ser utilizada, contanto que seja algo compatível com a produtividade comercial da cultura que se pretende determinar o Nível Crítico (ni).

A primeira linha constará as descrições de cada coluna (identificação das amostras, teores dos nutrientes, produtividade relativa), os teores dos nutrientes neste caso, estão dispostos na seguinte ordem, nitrogênio (N), fósforo (P), potássio (K), cálcio (Ca) e Magnésio (Mg), podendo caso prefiram invertê-las.

Esse conjunto de informações, organizada na planilha, consiste no banco de dados de monitoramento nutricional. Mesmo que outras informações possam também compor o banco de dados, as informações apresentadas são as essenciais para a determinação dos valores de referência do nível crítico.

Concluída a inclusão dos dados na planilha eletrônica, pode-se iniciar a sequência de cálculos necessários para encontrar o nível crítico dos nutrientes.

Roteiro de cálculos a serem realizados

Inicia-se calculando a média aritmética (x) e o desvio padrão (s) para os teores dos nutrientes e a medida de produtividade adotada (R). Com as informações de média e desvio padrão pode-se também calcular o limite inferior (LI) e o limite superior (LS) da amplitude dos teores nutricionais que serão considerados válidos, excluindo-se valores extremos de pouca relevância agronômica ou que representem erros de digitação não identificados previamente.

O passo seguinte consiste em calcular o valor do quociente dos nutrientes (Q_n), determinado em cada amostra pela medida de produtividade dividida pelo respectivo teor de cada nutriente na amostra. Assim, teremos os quocientes da produtividade dividido pelos teores de N, P, K, Ca e Mg, obtendo-se as variáveis Q_N, Q_P, Q_K, Q_Ca e Q_Mg.

A seguir, calcula-se também a média aritmética e o desvio padrão de cada variável Q_n.

Finalmente, como último cálculo, deve-se utilizar os parâmetros estatísticos obtidos pelas médias e desvio padrão das variáveis produtividade relativa e dos quocientes de cada nutriente, para se determinar o nível crítico de cada nutriente.

Exemplificando para a determinação do Nível Crítico do nitrogênio

Utilizaremos para exemplo o teor do nutriente N.

Primeiro, deve-se criar uma linha em branco no final da lista dos dados do monitoramento (Figura 1) para que o Excel não inclua como lista do banco de dados os resultados dos cálculos a serem realizados.

	A114		f_x					
	A	B	C	D	E	F	G	H
1	Amostras	N	P	K	Ca	Mg	ProdRel_Sacos	
107	119	17,9	0,7	9,8	6,9	1,1	33	
108	120	19,3	0,8	12,4	8,0	1,6	43	
109	121	19,2	0,9	6,1	9,6	3,5	57	
110	122	17,6	1,0	10,9	8,4	2,3	23	
111	123	15,7	1,0	13,4	7,5	1,6	44	
112	124	17,7	1,0	10,6	12,2	2,9	43	
113	125	16,8	1,0	12,9	10,1	2,2	44	
114								
115								
116								

Figura 1. Linha em branco necessária entre os dados e cálculos que serão aplicados.

Cálculo da média aritmética do nutriente

Após a linha em branco criada, e na mesma coluna usada para armazenar o teor de N, são calculados os valores média, desvio padrão, limite inferior e limite superior. Portanto, no exemplo, na posição que corresponde a célula B115, deverá ser escrita a função do Excel para o cálculo da média aritmética, inserindo-se a expressão [B115] = {=MÉDIA(B2:B113)}.

Esta função (=média()) retornará na célula B115 a média aritmética dos valores de N contidos na lista das células que se inicia em B2 e termina em B113 (Figura 2).

LN		✗ ✓ f_x	=MÉDIA(B2:B113)				
	A	B	C	D	E	F	G
1	Amostras	N	P	K	Ca	Mg	ProdRel_Sacos
107	119	17,9	0,7	9,8	6,9	1,1	33
108	120	19,3	0,8	12,4	8,0	1,6	43
109	121	19,2	0,9	6,1	9,6	3,5	57
110	122	17,6	1,0	10,9	8,4	2,3	23
111	123	15,7	1,0	13,4	7,5	1,6	44
112	124	17,7	1,0	10,6	12,2	2,9	43
113	125	16,8	1,0	12,9	10,1	2,2	44
114							
115	Média	=MÉDIA(B2:B113)					
116							

Figura 2. Cálculo da média aritmética da lista de valores entre as células B2 até B113, contido na célula B115.

Copiando o conteúdo da célula B115 para as C115, D115, E115, F115, G115, utilizando-se a operação de copiar e colar, serão obtidas as médias aritméticas dos teores de P, K, Ca, Mg e da produtividade relativa, respectivamente.

Cálculo do Desvio Padrão

Existem várias funções do Excel que calculam o desvio padrão.

A função a ser escolhida deve calcular o desvio padrão de uma amostra, ou seja, incluindo a perda de um grau de liberdade para a estimativa da variabilidade.

Portanto, deve-se optar pela função {=DESVPAD.A()}. Essa função calcula o desvio padrão de um conjunto de dados numéricos ignorando os valores lógicos e textos na amostra (Figura 3).

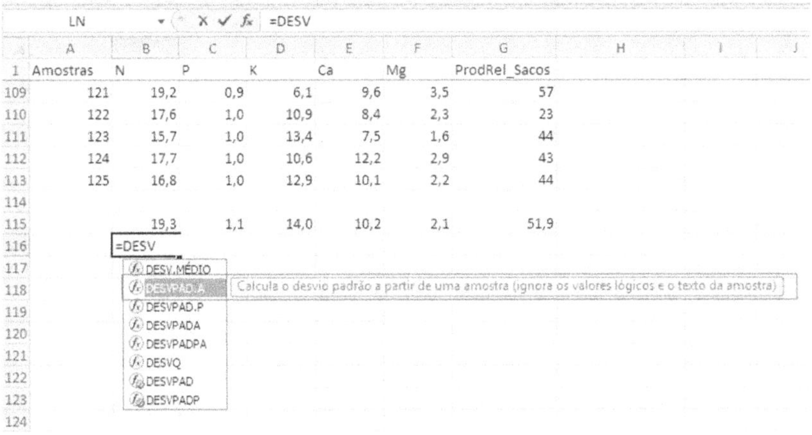

Figura 3. Função do Excel indicada para o cálculo do desvio padrão.

O valor do desvio padrão poderá ser armazenado logo abaixo da célula que contém o resultado da média aritmética.

Feito a escolha da função =DESVPAD.A(), execute a função selecionando o conjunto de teores de N (B2:B113), na célula B116 que fica abaixo do local escolhido para armazenar o valor da média aritmética, estimando assim o desvio padrão para o N.

A expressão a ser redigida será: [B116] = {=DESVPAD.A(B2:B113)} (Figura 4).

LN		▾ ⌐ ✕ ✓ ƒₓ	=DESVPAD.A(B2:B113)				
	A	B	C	D	E	F	G
1	Amostras	N	P	K	Ca	Mg	ProdRel_Sacos
109	121	19,2	0,9	6,1	9,6	3,5	57
110	122	17,6	1,0	10,9	8,4	2,3	23
111	123	15,7	1,0	13,4	7,5	1,6	44
112	124	17,7	1,0	10,6	12,2	2,9	43
113	125	16,8	1,0	12,9	10,1	2,2	44
114							
115		19,3	1,1	14,0	10,2	2,1	51,9
116		=DESVPAD.A(B2:B113)					

Figura 4. Cálculo do desvio padrão para uma lista de tores de N selecionados (B2:B113), a serem armazenados na célula B116.

Para determinar o desvio padrão para P, K, Ca, Mg e a produtividade relativa, copie a célula B116, selecione as células C116, D116, E116, F116, G116, respectivamente e cole a função (copiada na B116) nestas células selecionadas.

Cálculo do Limite Inferior (LI) e Limite Superior (LS)

Os cálculos para determinar o Limite Inferior e Limite Superior dos teores dos nutrientes não foram realizados por Maia et al. (2001) em seu trabalho, porém será aplicado no presente estudo, para eliminar erros de digitação, contaminação da amostra ou dos procedimentos analíticos no laboratório.

No banco de dados que adotamos como exemplo, existem valores que possuem erros de digitação ocorridos no laboratório, além de dados perdidos (Figura 5). O que será feito é apenas um procedimento simples para evitar que esses dados sejam incluídos no valor do Q a ser calculado.

	B56		▼		f_x	17	
	A	B	C	D	E	F	G
1	Amostras N		P	K	Ca	Mg	ProdRel_Sacos
32	35	21,9	1,3	15,2	11,3	3,5	38
33	37	15,1	2,0	17,3	12,1	1,6	33
34	38	1,4	1,8	12,5	11,9	2,8	76
35	39	20,2	1,1	8,8	10,9	2,5	65
36	40	17,7	1,4	13,3	11,2	2,2	98
37	41	17,6	1,1	14,5	10,5	1,8	87
38	43	17,6	0,9	12,9	11,4	2,5	46
39	44	17,3	0,9	9,2	12,2	2,4	27
40	45	19,1	0,9	11,2	10,3	3,2	42
41	46		0,9	13,1	10,1	2,6	52
42	48	18,9	1,2	16,3	8,3	1,1	47

Figura 5. Exemplos de dados que devem ser ignorados, com erro de digitação (célula B34) e valores nulos (célula B41).

Para isto, precisamos primeiro definir o limite inferior (LI) e o limite superior (LS) para os valores dos dados que serão considerados válidos. Uma regra simples é excluir todo dado que esteja acima ou abaixo do limite da média ± 3 x desvio padrão.

Na determinação do LI o cálculo se resume em subtrair a média aritmética com três vezes o desvio padrão dos teores nutricionais. Portando, deve-se fazer o seguinte cálculo: LI = m – (3 x s), onde LI = limite inferior; m = média do teor do nutriente e s = desvio padrão do teor do nutriente. No Excel, a fórmula será [B117] = {=B115-3*B116}(Figura 6).

	LN		▾	X ✓ *fx*	=B115-3*B116		
	A	B	C	D	E	F	G
1	Amostras	N	P	K	Ca	Mg	ProdRel_Sacos
105	117	19,5	1,0	10,4	10,7	2,3	31
106	118	18,6	1,0	11,5	8,9	1,3	63
107	119	17,9	0,7	9,8	6,9	1,1	33
108	120	19,3	0,8	12,4	8,0	1,6	43
109	121	19,2	0,9	6,1	9,6	3,5	57
110	122	17,6	1,0	10,9	8,4	2,3	23
111	123	15,7	1,0	13,4	7,5	1,6	44
112	124	17,7	1,0	10,6	12,2	2,9	43
113	125	16,8	1,0	12,9	10,1	2,2	44
114							
115	MÉDIA	19,3	1,1	14,0	10,2	2,1	
116	DP	2,8	0,3	3,3	2,3	0,8	
117	LI	=B115-3*B116					
118	LS						

Figura 6. Cálculo do limite inferior do teor de N.

Semelhantemente ao LI, o LS é calculo a partir da média aritmética, porém é feito a soma desta com o triplo do desvio padrão.

O cálculo é: LS = m + 3 x s, onde m e s são respectivamente a média e o desvio padrão dos teores de N e LS é o limite superior. Assim, no Excel a fórmula fica sendo: [B118] = {=B115+3*B116}(Figura 7).

	LN	▾	X ✓ f_x	=B115+3*B116			
	A	B	C	D	E	F	G
1	Amostras	N	P	K	Ca	Mg	ProdRel_Sacos
105	117	19,5	1,0	10,4	10,7	2,3	31
106	118	18,6	1,0	11,5	8,9	1,3	63
107	119	17,9	0,7	9,8	6,9	1,1	33
108	120	19,3	0,8	12,4	8,0	1,6	43
109	121	19,2	0,9	6,1	9,6	3,5	57
110	122	17,6	1,0	10,9	8,4	2,3	23
111	123	15,7	1,0	13,4	7,5	1,6	44
112	124	17,7	1,0	10,6	12,2	2,9	43
113	125	16,8	1,0	12,9	10,1	2,2	44
114							
115	MÉDIA	19,3	1,1	14,0	10,2	2,1	
116	DP	2,8	0,3	3,3	2,3	0,8	
117	LI	10,97017	0,180408	4,217853	3,348966	-0,37886	
118	LS	=B115+3*B116					
119							

Figura 7. Cálculo do limite superior dos teores de N.

Para determinar o LI e LS para os nutrientes P, K, Ca e Mg, copie a fórmula da célula B117 e B118, selecione e cole na célula C117 até a F118.

Cálculo do quociente Q

A partir deste ponto será feito o cálculo do quociente Q, uma vez que os cálculos das estatísticas (média e desvio padrão) da produtividade relativa e que são necessários para a determinação do Nível Crítico devem ser realizados conforme feito para o N, nos exemplos acima.

Para a determinação do quociente Q basta dividir a produtividade relativa pelo teor de cada um dos nutrientes, de modo que Q=R/n.

Porém alguns cuidados devem ser tomados quando for aplicar a fórmula na planilha eletrônica.

Para facilitar a compreensão visual, pode-se iniciar o primeiro cálculo do quociente Q na célula H113, para tornar mais fácil o acompanhamento dos dados que são necessários em cada etapa:

Q_N = [H113] = \$G113/B113

Neste caso, utiliza-se o cifrão em frente a letra G, para congelar essa coluna quando for feita a cópia para obter o valor Q dos demais nutrientes. Como a coluna G consiste na coluna que armazena os valores da produtividade relativa, ao se fazer o cálculo para os demais nutrientes, deve-se manter sempre a mesma posição para a coluna G.

	LN		X ✓ ƒx	=SE(OU(B113="";$G113="";B113<B$117;B113>B$118);"";$G113/B113)							
	A	B	C	D	E	F	G	H	I	J	K	L
1	Amostras	N	P	K	Ca	Mg	ProdRel_Sacos	Q_N	Q_P	Q_K	Q_Ca	Q_Mg
108	120	19,3	0,8	12,4	8,0	1,6	43					
109	121	19,2	0,9	6,1	9,6	3,5	57					
110	122	17,6	1,0	10,9	8,4	2,3	23					
111	123	15,7	1,0	13,4	7,5	1,6	44					
112	124	17,7	1,0	10,6	12,2	2,9	43					
113	125	16,8	1,0	12,9	10,1	2,2	44	=SE(OU(B113="";$G113="";B113<B$117;B113>B$118);"";$G113/B113)				
114												
115	Média	19,3	1,1	14,0	10,2	2,1						
116	DP	2,8	0,3	3,3	2,3	0,8						
117	LI	10,97017	0,180408	4,217853	3,348966	-0,37886						
118	LS	27,63632	2,111646	23,82465	17,14612	4,618321						
119												
120												

Figura 8: Fórmula do cálculo do quociente Q_N.

Contudo, se os a produtividade relativa for nula, ou se o teor do nutriente for nulo, ou se for menor que o LI ou maior que o LS, o cálculo deve ser ignorado, retornado valor nulo para a célula que armazenaria o resultado do quociente.

Ou seja, antes de ser fazer o cálculo do quociente deve-se testar essas condições e somente se nenhuma destas situações forem verdadeiras, pode-se então armazenar o resultado do quociente na respectiva célula.

Para isto serão usadas duas expressões lógicas: condicional {=se(condição; valor verdadeiro; valor falso)} e o teste lógico

{=ou(expressão 1; expressão 2; ....)}.

Para se testar se alguma expressão é verdadeira no exemplo do cálculo do quociente Q_N (produtividade relativa dividida pelo teor de N), tem-se:

[H113] = {= ou(B113=""; $G113=""; B113<B$117; B113>B$118)}. Observe que o uso da dupla aspas repetidas ("") serve para testar se o valor é nulo. Assim, se alguma expressão for verdadeiro, deverá retornar um valor nulo, ou seja (""). Se todas as expressões forem falsas, deverá retornar o valor do cálculo do quociente para o respectivo nutriente, ou seja Q_N = [H113] = {=$G113/B113}.

Juntando-se tudo em uma única expressão, temos:

Q_N = [H113] = {=se (ou (B113=""; $G113=""; B113<B$117; B113>B$118); ""; $G113/B113)} (Figura 8).

Em resumo:

Esta condição quer dizer: se B113 (teor no N) for igual a nulo (""), se $G113 (produtividade relativa) for igual a nulo (""), se B113 (teor de N) for menor (<) que B$117 (LI de N) ou se B113 (teor de N) for maior (>) que B$118 (LS de N); então o resultado a retornar deverá ser nulo (""). Em outras palavras, se qualquer um dos valores forem verdadeiros, não será feito o cálculo, mas sim, será dado valor nulo. Por outro lado, se todas as expressões forem falsas irá realizar o cálculo, armazenando-se na célula H113 o resultado para o cálculo da expressão $G113/B113, ou seja, será dividida a produtividade relativa pelo teor do nutriente.

Deve-se também ser feito uso do cifrão ($) nas fórmulas, pois com ele é possível copiar sua fórmula e colar em outras colunas e linhas, sem mover a posição relativa da coluna que se pretende manter (produtividade), mas mudando-se apenas a posição relativa das colunas que contém os teores dos nutrientes.

	LN		✕ ✓ *fx*	=SE(OU(B113="";$G113="";B113<B$117;B113>B$118);"";$G113/B113)								
	A	B	C	D	E	F	G	H	I	J	K	L
1	Amostras	N	P	K	Ca	Mg	ProdRel_Sacos	Q_N		Q_P	Q_K	Q_Ca	Q_Mg
108	120	19,3	0,8	12,4	8,0	1,6	43					
109	121	19,2	0,9	6,1	9,6	3,5	57					
110	122	17,6	1,0	10,9	8,4	2,3	23					
111	123	15,7	1,0	13,4	7,5	1,6	44					
112	124	17,7	1,0	10,6	12,2	2,9	43					
113	125	16,8	1,0	12,9	10,1	2,2	44 =SE(OU(B113="";$G113="";B113<B$117;B113>B$118);"";$G113/B113)					
114												
115	Média	19,3	1,1	14,0	10,2	2,1						
116	DP	2,8	0,3	3,3	2,3	0,8						
117	LI	10,97017	0,180408	4,217853	3,348966	-0,37886						
118	LS	27,63632	2,111646	23,82465	17,14612	4,618321						
119												
120												

Figura 9: Cálculo do quociente Q_N.

Exemplos disto são: na fórmula utilizada, a segunda expressão e na expressão $G113/B113, ao se copiar e colar as fórmulas para outras células e colunas, não haverá mudança da posição relativa referente a coluna onde estão os dados da produtividade, ou seja, será sempre usada a coluna G (produtividade relativa) para realização do cálculo.

Na mesma fórmula, na terceira e quarta expressão, ao se copiar e colar a fórmula para as demais linhas, os valores utilizados serão sempre na mesma linha que corresponda a posição em cada coluna onde está anotado o valor do limite inferior (B$117) e do limite superior (B$118) de cada nutriente.

Cálculo da média aritmética e desvio padrão do quociente Q.

Da mesma forma que foi realizada aos teores dos nutrientes, também deve ser feito cálculo da média aritmética (xq) e desvio padrão amostral (sq) para os valores do quociente Q.

Portanto, para o cálculo da média aritmética dos teores de Q_N, deve-se usar a fórmula: [H115] = [=média(H2:H113)} (Figura 9).

	A	B	C	D	E	F	G	H	I	J	K	L
LN			✗ ✓ fx	=MÉDIA(H2:H113)								
1	Amostras	N		P	K	Ca	Mg	ProdRel_Sacos	Q_N	Q_P	Q_K	Q_Ca	Q_Mg
107	119	17,9	0,7	9,8	6,9	1,1	33	1,8668	45,8145	3,4035	4,8742	31,5055
108	120	19,3	0,8	12,4	8,0	1,6	43	2,2278	50,7371	3,4769	5,3637	27,0449
109	121	19,2	0,9	6,1	9,6	3,5	57	2,9773	63,1288	9,3455	5,9454	16,4023
110	122	17,6	1,0	10,9	8,4	2,3	23	1,3113	23,9748	2,1215	2,7347	9,9696
111	123	15,7	1,0	13,4	7,5	1,6	44	2,8158	45,0585	3,2956	5,9065	27,2737
112	124	17,7	1,0	10,6	12,2	2,9	43	2,4395	43,6155	4,0890	3,5539	14,8485
113	125	16,8	1,0	12,9	10,1	2,2	44	2,6532	44,4409	3,4450	4,3871	20,2280
114												
115	Média	19,3	1,1	14,0	10,2	2,1	51,9	=MÉDIA(H2:H113)				
116	Desvio Padr.	2,8	0,3	3,3	2,3	0,8	17,9					
117	LI	10,97017	0,180408	4,217853	3,348966	-0,37886						
118	LS	27,63632	2,111646	23,82465	17,14612	4,618321						
119												

Figura 9. Cálculo da média aritmética do quociente Q_N

De modo semelhante, para o cálculo do desvio padrão, deve-se usar a fórmula [H116]= [=DESVPAD.A(J2:J113)} (Figura 10).

	A	B	C	D	E	F	G	H	I	J	K	L
LN			✗ ✓ fx	=DESVPAD.A(H2:H113)								
1	Amostras	N		P	K	Ca	Mg	ProdRel_Sacos	Q_N	Q_P	Q_K	Q_Ca	Q_Mg
107	119	17,9	0,7	9,8	6,9	1,1	33	1,8668	45,8145	3,4035	4,8742	31,5055
108	120	19,3	0,8	12,4	8,0	1,6	43	2,2278	50,7371	3,4769	5,3637	27,0449
109	121	19,2	0,9	6,1	9,6	3,5	57	2,9773	63,1288	9,3455	5,9454	16,4023
110	122	17,6	1,0	10,9	8,4	2,3	23	1,3113	23,9748	2,1215	2,7347	9,9696
111	123	15,7	1,0	13,4	7,5	1,6	44	2,8158	45,0585	3,2956	5,9065	27,2737
112	124	17,7	1,0	10,6	12,2	2,9	43	2,4395	43,6155	4,0890	3,5539	14,8485
113	125	16,8	1,0	12,9	10,1	2,2	44	2,6532	44,4409	3,4450	4,3871	20,2280
114												
115	Média	19,3	1,1	14,0	10,2	2,1	51,9	2,6922	47,8728	3,9077	5,2465	27,8530
116	Desvio Padr.	2,8	0,3	3,3	2,3	0,8	17,9	=DESVPAD.A(H2:H113)				
117	LI	10,97017	0,180408	4,217853	3,348966	-0,37886						
118	LS	27,63632	2,111646	23,82465	17,14612	4,618321						
119												

Figura 10: Cálculo do desvio padrão do quociente Q)N.

O próximo passo é simplesmente copiar a fórmula da coluna

Q_N para as colunas do quociente da produtividade em relação aos teores de P, K, Ca e Mg e calcular as respectivas médias e desvio padrões, usando-se a função copiar e colar do Excel.

Cálculo do Nível Crítico (ni).

Obtido os valores das médias e dos respectivos desvios padrões para cada um dos quocientes Q e também da produtividade relativa, tem-se toda a informação necessária para a definição do Nível Crítico do nutriente.

De acordo com a fórmula de Maia et al (2001), tem-se:

$ni = R(90) / Qi(90) = (1{,}281552sr + xr) / (1.281552sq + xq)$

Onde:

ni = nível crítico do nutriente;

$R(90)$ = valor da produtividade relativa acima da qual se espera sejam observados apenas 10% das produtividades;

$Q(90)$, valor do quociente Q, acima do qual se espera sejam observados apenas 10% dos valores de Q;

xr e sr = média e desvio padrão da produtividade relativa; e

xq e sq = média e desvio padrão do quociente q.

Na planilha eletrônica estes cálculos podem ser pela seguinte fórmula (Figura 11): $ni = [H117] = \{=(1{,}281552 * \$G116 + \$G115) / (1{,}281552 * H116 + H115)\}$.

	LN	▾	✕ ✓ ƒx	=(1,281552*$G116+$G115)/(1,281552*H116+H115)								
	A	B	C	D	E	F	G	H	I	J	K	L
1	Amostras	N	P	K	Ca	Mg	ProdRel_Sacos	Q_N		Q_P	Q_K	Q_Ca	Q_Mg
107	119	17,9	0,7	9,8	6,9	1,1	33		1,8668	45,8145	3,4035	4,8742	31,5055
108	120	19,3	0,8	12,4	8,0	1,6	43		2,2278	50,7371	3,4769	5,3637	27,0449
109	121	19,2	0,9	6,1	9,6	3,5	57		2,9773	63,1288	9,3455	5,9454	16,4023
110	122	17,6	1,0	10,9	8,4	2,3	23		1,3113	23,9748	2,1215	2,7347	9,9696
111	123	15,7	1,0	13,4	7,5	1,6	44		2,8158	45,0585	3,2956	5,9065	27,2737
112	124	17,7	1,0	10,6	12,2	2,9	43		2,4395	43,6155	4,0890	3,5539	14,8485
113	125	16,8	1,0	12,9	10,1	2,2	44		2,6532	44,4409	3,4450	4,3871	20,2280
114													
115	Média	19,3	1,1	14,0	10,2	2,1	51,9		2,6922	47,8728	3,9077	5,2465	27,8530
116	Desvio Padr.	2,8	0,3				17,9		0,9816	18,4144	1,6486	1,9812	13,1149
117	LI	10,97017	0,180408	4,217853	3,348966	-0,37886	=(1,281552*$G116+$G115)/(1,281552*H116+H115)					
118	LS	27,63632	2,111646	23,82465	17,14612	4,618321							

Figura 11. Determinação do nível crítico de N

Basta repetir o mesmo procedimento para os demais nutrientes, copiando a célula H117, selecionando as células I117, J117, K117 L117, colando, obtendo assim os níveis críticos dos demais nutrientes, respectivamente, P, K, Ca e Mg (Figura 12).

	H117	▾		ƒx	=(1,281552*$G116+$G115)/(1,281552*H116+H115)								
	A	B	C	D	E	F	G	H	I	J	K	L
1	Amostras	N	P	K	Ca	Mg	ProdRel_Sacos	Q_N		Q_P	Q_K	Q_Ca	Q_Mg
107	119	17,9	0,7	9,8	6,9	1,1	33		1,8668	45,8145	3,4035	4,8742	31,5055
108	120	19,3	0,8	12,4	8,0	1,6	43		2,2278	50,7371	3,4769	5,3637	27,0449
109	121	19,2	0,9	6,1	9,6	3,5	57		2,9773	63,1288	9,3455	5,9454	16,4023
110	122	17,6	1,0	10,9	8,4	2,3	23		1,3113	23,9748	2,1215	2,7347	9,9696
111	123	15,7	1,0	13,4	7,5	1,6	44		2,8158	45,0585	3,2956	5,9065	27,2737
112	124	17,7	1,0	10,6	12,2	2,9	43		2,4395	43,6155	4,0890	3,5539	14,8485
113	125	16,8	1,0	12,9	10,1	2,2	44		2,6532	44,4409	3,4450	4,3871	20,2280
114													
115	Média	19,3	1,1	14,0	10,2	2,1	51,9		2,6922	47,8728	3,9077	5,2465	27,8530
116	Desvio Padr.	2,8	0,3	3,3	2,3	0,8	17,9		0,9816	18,4144	1,6486	1,9812	13,1149
117	LI	10,97017	0,180408	4,217853	3,348966	-0,37886	n		18,9505	1,0474	12,4341	9,6152	1,6762
118	LS	27,63632	2,111646	23,82465	17,14612	4,618321							

Figura 12. Níveis críticos de N, P, K, Ca e Mg

Transformação log-neperiana

A transformação log-neperiana nos dados deve ser realizada se a distribuição dos dados de produtividade e do quociente Q de cada nutriente não forem normais ou, caso haja dúvidas quanto aos dados apresentarem distribuição normal.

Portanto, a transformação é aplicada exclusivamente nos dados de produtividade e do quociente, de forma que os demais procedimentos descritos para se obter a média aritmética, o desvio padrão, o limite inferior e limite superior dos teores dos nutrientes são os mesmos para os dados sem transformação.

Transformação log-neperiana para o quociente Q

Para realizar a transformação log neperina dos dados do quociente Q, basta calcular a função $\{=\ln(R/n)\}$. Contudo, na planilha eletrônica deve-se utilizar condicionais para evitar que dados discrepantes ou valores nulos sejam calculados.

No exemplo, a seguir, é apresentada a fórmula para o cálculo da transformação log-neperiana (LN_Q_N) relativo ao quociente Q, usando-se as condicionais para valores nulos (tanto para a coluna dos teores nutricionais como para a produtividade relativa) e para excluir do cálculo os teores do nutriente abaixo do LI ou acima do LS (Figura 13).

Fórmula LN_Q_N = [H113] = {=SE(OU(B113=""; $G113="";
B113<B$118; B113>B$119);""; LN($G113/B113))}

Figura 13. Cálculo do quociente Q para N log-transformado.

Transformação log neperiana para produtividade relativa

Para realizar a transformação log-neperiana da produtividade relativa LN_R, usa-se os condicionais somente para evitar que sejam inclusos no cálculo, valores zeros ou valores nulos da produtividade relativa. Se a produtividade não for nula ou zero, aplica-se a transformação log neperiana.

LN_R = [M113] = =SE(OU(G113=""; G113=0); ""; LN(G113))

Como feito anteriormente nos dados sem transformação log neperiana, devem determinar a média aritmética (xq) e desvio padrão (sx) para o conjunto de valores de LN_Q dos demais nutrientes.

Para isto, as fórmulas podem ser escritas conforme indicado abaixo ou copiadas das células F116 e F117, selecionando e colando nas células desde H116 até a M117, obtendo-se os valores para todos os nutrientes (Figura 14).

xq = [H116] = {=MÉDIA (H2: H113)}

sq = [H117] = {=DESVPAD. A(H2:H113)}

	A	B	C	D	E	F	G	H	I	J	K	L	M
1	Amostras	N	P	K	Ca	Mg	ProdRel_Sacos	LN_QN	LN_QP	LN_Qk	LN_QCa	LN_QMg	LN_PROD
105	117	19,5	1,0	10,4	10,7	2,3	31	0,4708	3,4407	1,0940	1,0694	2,6252	3,4397
106	118	18,6	1,0	11,5	8,9	1,3	63	1,2165	4,1558	1,6956	1,9548	3,8944	4,1397
107	119	17,9	0,7	9,8	6,9	1,1	33	0,6242	3,8246	1,2248	1,5839	3,4502	3,5113
108	120	19,3	0,8	12,4	8,0	1,6	43	0,8010	3,9267	1,2461	1,6797	3,2975	3,7606
109	121	19,2	0,9	6,1	9,6	3,5	57	1,0910	4,1452	2,2349	1,7826	2,7974	4,0465
110	122	17,6	1,0	10,9	8,4	2,3	23	0,2710	3,1770	0,7521	1,0060	2,2995	3,1372
111	123	15,7	1,0	13,4	7,5	1,6	44	1,0352	3,8080	1,1926	1,7760	3,3059	3,7908
112	124	17,7	1,0	10,6	12,2	2,9	43	0,8918	3,7754	1,4083	1,2680	2,6979	3,7654
113	125	16,8	1,0	12,9	10,1	2,2	44	0,9758	3,7942	1,2369	1,4787	3,0071	3,7942
114													
115													
116	média	19,3	1,1	14,0	10,2	2,1		0,9163	3,7878	1,2722	1,5828	3,2120	3,8835
117	DP	2,777693	0,321873	3,267799	2,299526	0,832863		0,4042	0,4221	0,4380	0,4014	0,4997	0,3800
118	mínimo	10,97017	0,180408	4,217853	3,348966	-0,37886							
119	máximo	27,63632	2,111646	23,82465	17,14612	4,618321							

Figura 14. Resultado da média e do desvio padrão para os quocientes Q dos nutrientes.

Nível Crítico de dados log transformados

Para se calcular o nível crítico a partir de dados log transformados, os procedimentos são praticamente os mesmos utilizados para dados não transformados, diferenciando-se apenas pelo uso da função exponencial para a reversão dos dados log-transformados para suas unidades originais.

Utiliza-se a função $\{=EXP()\}$ na fórmula do nível crítico, conforme indicado a seguir (Figura 15):

ni = [H119] = $\{=(EXP((1,281552 * \$M117 + \$M116))$ / $(EXP(1,281552 * H117 + H116)))\}$

	A	B	C	D	E	F	G	H	I	J	K	L	M
	Amostras	N	P	K	Ca	Mg	ProdRel_Secos	LN_QN	LN_QP	LN_Qk	LN_QCa	LN_QMg	LN_PROD
104	116	17,0	0,8	8,1	11,2	3,7	39	0,8250	3,9177	1,5658	1,2444	2,3474	3,6576
105	117	19,5	1,0	10,4	10,7	2,3	31	0,4708	3,4407	1,0940	1,0894	2,6252	3,4397
106	118	18,6	1,0	11,5	8,9	1,3	63	1,2165	4,1558	1,6956	1,9548	3,8944	4,1397
107	119	17,9	0,7	9,8	6,9	1,1	33	0,6242	3,8246	1,2248	1,5839	3,4502	3,5113
108	120	19,3	0,8	12,4	8,0	1,6	43	0,8010	3,9267	1,2461	1,6797	3,2975	3,7606
109	121	19,2	0,9	6,1	9,6	3,5	57	1,0910	4,1452	2,2349	1,7826	2,7974	4,0465
110	122	17,6	1,0	10,9	8,4	2,3	23	0,2710	3,1770	0,7521	1,0060	2,2995	3,1372
111	123	15,7	1,0	13,4	7,5	1,6	44	1,0352	3,8080	1,1926	1,7760	3,3059	3,7908
112	124	17,7	1,0	10,6	12,2	2,9	43	0,8918	3,7754	1,4083	1,2680	2,6979	3,7654
113	125	16,8	1,0	12,9	10,1	2,2	44	0,9758	3,7942	1,2369	1,4787	3,0071	3,7942
114													
115													
116	média	19,3	1,1	14,0	10,2	2,1		0,92	3,79	1,27	1,58	3,21	3,88
117	DP	2,777693	0,321873	3,267799	2,299526	0,882863		0,40	0,42	0,44	0,40	0,50	0,38
118	mínimo	10,97017	0,180408	4,217853	3,348966	-0,37886							
119	máximo	27,63632	2,111646	23,82465	17,14612	4,618321		=(EXP(1,281552*$N117+$M118)) / (EXP(1,281552*H117+H116)))					
120													

Figura 15. Cálculo do nível crítico a partir de dados log transformados.

Para determinar o nível crítico dos demais nutrientes, basta refazerem os cálculo nas células respectivas ou simplesmente copiar a célula H119 e colar na nas células a J119 até L119 (Figura 16).

H119			fx	=EXP((1,281552*$M117+$M116)/(1,281552*H117+H116))								
	A	B	C	D	E	F	G	H	I	J	K	L	M
1 Amostras	N	P	K	Ca	Mg		ProdRel_Sacos	LN_QN	LN_QP	LN_Qk	LN_QCa	LN_QMg	LN_PROD
105	117	19,5	1,0	10,4	10,7	2,3	.	31	0,4708	3,4407	1,0940	1,0694	2,6252	3,4397
106	118	18,6	1,0	11,5	8,9	1,3		63	1,2165	4,1558	1,6956	1,9548	3,8944	4,1397
107	119	17,9	0,7	9,8	6,9	1,1		33	0,6242	3,8246	1,2248	1,5839	3,4502	3,5113
108	120	19,3	0,8	12,4	8,0	1,6		43	0,8010	3,9267	1,2461	1,6797	3,2975	3,7606
109	121	19,2	0,9	6,1	9,6	3,5		57	1,0910	4,1452	2,2349	1,7826	2,7974	4,0465
110	122	17,6	1,0	10,9	8,4	2,3		23	0,2710	3,1770	0,7521	1,0060	2,2995	3,1372
111	123	15,7	1,0	13,4	7,5	1,6		44	1,0352	3,8080	1,1926	1,7760	3,3059	3,7908
112	124	17,7	1,0	10,6	12,2	2,9		43	0,8918	3,7754	1,4083	1,2680	2,6979	3,7654
113	125	16,8	1,0	12,9	10,1	2,2		44	0,9758	3,7942	1,2369	1,4787	3,0071	3,7942
114													
115													
116 média	19,3	1,1	14,0	10,2	2,1			0,9163	3,7878	1,2722	1,5828	3,2120	3,8835
117 DP	2,777693	0,321873	3,267799	2,299526	0,832863			0,4042	0,4221	0,4380	0,4014	0,4997	0,3800
118 mínimo	10,97017	0,180408	4,217853	3,348966	-0,37886								
119 máximo	27,63632	2,111646	23,82465	17,14612	4,618321			21,1	2,7	10,8	8,0	8,1	

Figura 16: Níveis críticos determinados a partir da transformação log neperiana para os nutrientes N, P, K, Ca e Mg.

Transformação por raiz quadrada

Além da transformação log neperiana, outra alternativa é fazer a transformações dos valores do quociente Q tanto dos teores dos nutrientes como da produtividade relativa pelo cálculo da raiz quadrada. O procedimento é semelhante a todos executado até o momento, diferenciando-se apenas na escolha das fórmulas.

A fórmula utilizada deve também observar os condicionantes do cálculo, para os valores nulos e exclusão de valores extremos (menor que o LI ou maior que o LS).

Desta forma, o valor de raiz_Q fica sendo (Figura 17):

raiz_Q = [H113] = {=SE(OU(C113=""; $H113=""; C113<C$118; C113>C$119); ""; ($H113/C113)^0,5)}

35

Figura 17. Transformação do valor Q pela raiz quadrada.

O mesmo cálculo deve ser realizado para a produtividade relativa, porém aplica-se apenas a condicional para os valores nulos e eleva-se a R a 0,5 (Figura 18) para transformá-la em raiz, a partir da expressão:

raiz_R = [M113] = ={SE(G113="";"";(G113)^0,5)}.

Figura 18. Transformação do valor da produtividade relativa pela raiz quadrada.

Posteriormente devem calcular a média aritmética e desvio padrão do conjunto de dados do quociente Q e da produtividade relativa. Para isso devem utilizar as funções média {=média()} e desvio padrão {=DESVPAD.A()}, do mesmo modo demostrado anteriormente.

Outra opção é simplesmente copiar as células F116 e F117, selecionar e colar, desde a célula H116 até M117 (Figura 19).

	A	B	C	D	E	F	G	H	I	J	K	L	M
1	Amostras	N	P	K	Ca	Mg	ProdRel_Sacos	RAIZ_QN	RAIZ_QP	RAIZ_Qk	RAIZ_Qca	RAIZ_QMg	RAIZ_PROD
109	121	19,2	0,9	6,1	9,6	3,5	57	1,7255	7,9454	3,0570	2,4383	4,0500	7,5627
110	122	17,6	1,0	10,9	8,4	2,3	23	1,1451	4,8964	1,4565	1,6537	3,1575	4,8000
111	123	15,7	1,0	13,4	7,5	1,6	44	1,6780	6,7126	1,8154	2,4303	5,2224	6,6553
112	124	17,7	1,0	10,6	12,2	2,9	43	1,5619	6,6042	2,0221	1,8852	3,8534	6,5711
113	125	16,8	1,0	12,9	10,1	2,2	44	1,6289	6,6664	1,8561	2,0945	4,4976	6,6664
114													
115													
116	média	19,3	1,1	14,0	10,2	2,1		1,6121	6,7868	1,9335	2,2495	5,1338	7,0918
117	DP	2,777693	0,321873	3,267799	2,299526	0,832863		0,3072	1,3522	0,4132	0,4335	1,2292	1,2772
118	mínimo	10,97017	0,180408	4,217853	3,348966	-0,37886							
119	máximo	27,63632	2,111646	23,82465	17,14612	4,618321							

Figura 19. Cálculo da média aritmética e desvio padrão do conjunto de dados do quociente Q dos nutrientes e produtividade relativa.

O próximo passo é calcular o nível crítico dos nutrientes pela fórmula geral já apresentada, apenas elevando-se os valores calculados ao quadrado para que possam ser recuperadas as unidades originais (Figura 20):

$$ni = R(90)/Q(90) = [H119] = \{=(1,281552 \times \$M117 + \$M116)^2 / (1,281552 \times H117 + H116)^2\}$$

								=(1,281552*$M117+$M116)^2/(1,281552*H117+H116)^2					
	A	B	C	D	E	F	G	H	I	J	K	L	M
1	Amostras	N	P	K	Ca	Mg	ProdRel_Sacos	RAIZ_QN	RAIZ_QP	RAIZ_Qk	RAIZ_Qca	RAIZ_QMg	RAIZ_PROD
105	117	19,5	1,0	10,4	10,7	2,9	31	1,2654	5,5864	1,7281	1,7069	3,7158	5,5836
106	118	18,6	1,0	11,5	8,9	1,3	63	1,8372	7,9877	2,3345	2,6575	7,0090	7,9236
107	119	17,9	0,7	9,8	6,9	1,1	33	1,3663	6,7686	1,8449	2,2078	5,6130	5,7871
108	120	19,3	0,8	12,4	8,0	1,6	43	1,4926	7,1230	1,8646	2,3160	5,2005	6,5555
109	121	19,2	0,9	6,1	9,6	3,5	57	1,7255	7,9454	3,0570	2,4383	4,0500	7,5627
110	122	17,6	1,0	10,9	8,4	2,3	23	1,1451	4,8964	1,4565	1,6537	3,1575	4,8000
111	123	15,7	1,0	13,4	7,5	1,6	44	1,6780	6,7126	1,8154	2,4303	5,2224	6,6553
112	124	17,7	1,0	10,6	12,2	2,9	43	1,5619	6,6042	2,0221	1,8852	3,8534	6,5711
113	125	16,8	1,0	12,9	10,1	2,2	44	1,6289	6,6664	1,8561	2,0945	4,4976	6,6664
114													
115													
116	média	19,3	1,1	14,0	10,2	2,1		1,6121	6,7868	1,9335	2,2495	5,1338	7,0918
117	DP	2,777693	0,321873	3,267799	2,299526	0,832863		0,3072	1,3522	0,4132	0,4335	1,2292	1,2772
118	mínimo	10,97017	0,180408	4,217853	3,348966	-0,37886							
119	máximo	27,63632	2,111646	23,82465	17,14612	4,618321	=(1,281552*$M117+$M116)^2/(1,281552*H117+H116)^2						
120													

Figura 20. Cálculo do nível crítico de N para dados raiz quadrada transformados.

Para realizar o cálculo dos níveis críticos dos demais nutrientes (P,

K, Ca e Mg), pode-se copiar a fórmula da célula H119, selecionando desde a I119 até L119 e colando a fórmula copiada (Figura 21).

	H119			f_x =(1,281552*$M117+$M116)^2/(1,281552*H117+H116)^2									
	A	B	C	D	E	F	G	H	I	J	K	L	M
1	Amostras	N	P	K	Ca	Mg	ProdRel_Sacos	RAIZ_QN	RAIZ_QP	RAIZ_Qk	RAIZ_Qca	RAIZ_QMg	RAIZ_PROD
105	117	19,5	1,0	10,4	10,7	2,3	31	1,2654	5,5864	1,7281	1,7069	3,7158	5,5836
106	118	18,6	1,0	11,5	8,9	1,3	63	1,8372	7,9877	2,3345	2,6575	7,0090	7,9236
107	119	17,9	0,7	9,8	6,9	1,1	33	1,3663	6,7686	1,8449	2,2078	5,6130	5,7871
108	120	19,3	0,8	12,4	8,0	1,6	43	1,4926	7,1230	1,8646	2,3160	5,2005	6,5555
109	121	19,2	0,9	6,1	9,6	3,5	57	1,7255	7,9454	3,0570	2,4383	4,0500	7,5627
110	122	17,6	1,0	10,9	8,4	2,3	23	1,1451	4,8964	1,4565	1,6537	3,1575	4,8000
111	123	15,7	1,0	13,4	7,5	1,6	44	1,6780	6,7126	1,8154	2,4303	5,2224	6,6553
112	124	17,7	1,0	10,6	12,2	2,9	43	1,5619	6,6042	2,0221	1,8852	3,8534	6,5711
113	125	16,8	1,0	12,9	10,1	2,2	44	1,6289	6,6664	1,8561	2,0945	4,4976	6,6664
114													
115													
116	média	19,3	1,1	14,0	10,2	2,1		1,6121	6,7868	1,9335	2,2495	5,1338	7,0918
117	DP	2,777693	0,321873	3,267799	2,299526	0,832863		0,3072	1,3522	0,4132	0,4335	1,2292	1,2772
118	mínimo	10,97017	0,180408	4,217853	3,348966	-0,37886							
119	máximo	27,63632	2,111646	23,82465	17,14612	4,618321		18,9	1,0	12,6	9,7	1,7	
120													

Figura 21. Nível crítico dos nutrientes para dados raiz quadrada transformados.

Considerações finais

O procedimento indicado permite o cálculo do nível crítico para conjunto de dados normais e para dados que necessitam de transformação (log neperiana ou raiz quadrada).

A título de resumo, são apresentados os principais parâmetros calculados (média e desvio padrão do quociente de cada nutriente e da produtividade relativa, para dados não transformados, ou aqueles transformados e os diferentes níveis críticos obtidos) (Tabela 1).

Conforme se pode verificar, todos os valores obtidos para os níveis críticos dos nutrientes são muito próximos entre si, indicando a robustez dos procedimentos adotados.

Os cálculos são facilmente implementados em planilhas eletrônicas e podem ser aproveitados dados de monitoramento nutricional.

Tabela 1. Níveis críticos (ni), média (x) e desvio padrão, para os nutrientes N, P, K, Ca e Mg, em g kg^{-1}, e para a produtividade relativa, em porcentagem.

Parâmetro	N	P	K	Ca	Mg	R
	Dados não transformados					
x	2,7	47,9	3,9	5,2	27,9	51,9
s	0,98	18,41	1,65	1,98	13,11	17,91
ni	19,0	1,0	12,4	9,6	1,7	
	Dados log transformados					
x	0,9	3,8	1,3	1,6	3,2	3,9
s	0,40	0,42	0,44	0,40	0,50	0,38
ni	18,8	1,0	12,6	9,7	1,7	
	Dados raiz quadrada transformados					
x	1,6	6,8	1,9	2,2	5,1	7,1
s	0,31	1,35	0,41	0,43	1,23	1,28
ni	18,9	1,0	12,6	9,7	1,7	

ANEXO A: DADOS DE MONITORAMENTO DE LAVOURAS

Os dados utilizados nos exemplos utilizados nesta publicação estão apresentados na tabela A.

Esses dados consistem de informações de produtividade e de teores de macronutrientes em folhas de café canéfora, obtidos de monitoramento nutricional de lavouras clonais de café canéfora, cultivadas na Zona da Mata Rondoniense, e cujo monitoramento foi realizado na safra de 2013/2014.

Todos os dados foram coletados como parte da dissertação de mestrado de Raquel Schmidt, vinculado ao Programa de Pós-Graduação em Agronomia, da Universidade Federal do Acre.

Na tabela, os dados apresentados consistem dos teores dos nutrientes N, P, K, Ca e Mg, todos em g kg^{-1}, de lavouras amostradas aleatoriamente. A amostragem foliar foi realizada em agosto, logo no início da floração e foram analisadas segundo metodologia descrita por Carmo et al (2000).

A produtividade relativa representa o porcentual da produtividade de cada lavoura em relação a máxima produtividade observada nas lavouras monitoradas. Essa produtividade foi aferida em abril de 2014, colhendo-se seis plantas por lavoura e medindo-se o volume de grãos colhidos e depois, o rendimento do beneficiamento, representando assim a produtividade relativa em relação a produtividade estimada em sacas de 60 kg de café beneficiado por hectare.

Os mesmos dados podem ser obtidos acessando-se o link www.dris.com.br/arquivos/dados1_schmidt.xlsx

Tabela A. Teores de macronutrientes, em g kg^{-1}, em 112 lavouras comerciais de clones de café canéfora cultivados no Estado de Rondônia, com respectiva produtividade relativa (% em relação a maior produtividade observada). Dados dos autores.

Lavoura	N	P	K	Ca	Mg	Produtividade Relativa
1	19,5	1,4	14,2	12,5	2,3	49
2	18,7	1,0	11,7	11,5	2,1	85
3	20,4	1,3	15,2	12,2	2,3	72
4	19,4	1,2	13,7	11,2	2,3	37
5	19,9	1,3	13,0	12,5	2,4	65
6	19,3	1,7	15,8	11,0	1,9	47
7	17,1	2,0	15,4	11,2	2,0	64
8	18,7	1,6	16,1	10,0	1,3	40
9	20,1	1,5	16,0	10,1	1,7	40
10	17,8	2,0	16,4	13,6	1,8	57
11	19,0	2,1	16,2	11,9	1,8	70
12	19,1	1,9	14,5	12,1	1,9	67
13	18,7	1,0	14,9	11,9	1,8	22
14	15,4	2,0	15,6	10,3	1,6	56
15	18,3	1,2	15,0	12,7	2,1	45
16	18,4	1,2	15,1	11,7	1,7	69
17	20,6	1,0	10,0	9,0	3,7	35
18	17,7	1,1	12,7	13,3	3,4	73
19	20,6	0,8	9,7	12,9	2,6	81
20	20,4	2,2	14,5	14,9	1,6	58
21	17,4	1,2	14,0	11,1	1,6	65

Lavoura	N	P	K	Ca	Mg	Produtividade Relativa
22	17,5	1,4	13,1	16,2	2,4	73
23	16,2	1,8	15,2	15,2	1,8	69
24	15,2	1,6	13,4	10,8	2,1	19
25	15,4	1,6	12,7	13,4	2,0	19
26	16,7	1,6	15,1	12,0	2,2	54
27	19,5	1,4	15,6	12,8	1,6	69
28	19,5	1,5	11,3	13,0	2,7	78
29	16,9	1,4	12,2	13,1	2,0	55
30	19,8	1,4	14,9	10,4	1,2	100
31	21,9	1,3	15,2	11,3	3,5	38
32	15,1	2,0	17,3	12,1	1,6	33
33	1,4	1,8	12,5	11,9	2,8	76
34	20,2	1,1	8,8	10,9	2,5	65
35	17,7	1,4	13,3	11,2	2,2	98
36	17,6	1,1	14,5	10,5	1,8	87
37	17,6	0,9	12,9	11,4	2,5	46
38	17,3	0,9	9,2	12,2	2,4	27
39	19,1	0,9	11,2	10,3	3,2	42
40		0,9	13,1	10,1	2,6	52
41	18,9	1,2	16,3	8,3	1,1	47
42	26,6	1,0	12,5	9,1	1,8	31
43	23,7	1,1	12,8	8,5	2,3	20
44	24,6	1,0	13,4	6,9	1,7	18
45	21,5	0,9	15,7	9,3	1,4	27
46	19,4	0,9	15,4	9,4	1,7	53
47	19,8	0,9	14,8	10,3	1,4	70
48	21,9	1,3	11,5	9,9	1,8	54
49	22,6	1,1	12,5	11,8	3,3	72
50	19,3	1,1	14,5	8,9	2,3	66
51	22,8	1,1	14,9	11,2	2,9	54
52	20,3	0,8	11,5	16,5	2,9	64
53	19,5	1,0	13,6	14,9	2,4	75
54	15,8	0,9	13,3	7,4	1,6	66
55	17,0	1,1	9,2	12,2	3,1	51
56	17,6	1,1	10,7	9,5	2,4	25

Lavoura	N	P	K	Ca	Mg	Produtividade Relativa
57	20,3	1,1	6,7	12,3	3,8	39
58	20,4	1,1	11,6	10,4	3,5	42
59	19,0	1,3	15,2	9,4	1,5	33
60	23,9	1,1	15,2	11,7	2,9	20
61	21,0	1,1	6,8	14,7	6,7	51
62	20,5	0,8	15,4	9,9	2,5	81
63	21,5	0,8	15,4	10,9	2,9	81
64	20,1	0,8	18,3	8,1	1,7	62
65	23,3	1,0	18,2	10,6	2,8	64
66	21,8	1,0	17,7	9,6	2,6	61
67	20,6	0,9	16,9	7,8	1,9	67
68	19,5	0,9	18,6	8,4	1,7	79
69	19,9	0,8	16,0	7,4	1,2	30
70	21,0	0,8	13,0	8,8	1,8	53
71	19,6	0,8	12,9	7,6	1,3	38
72	20,5	0,7	13,1	8,7	1,5	28
73	19,6	0,8	16,0	10,0	1,7	34
74	19,0	1,0	15,4	7,2	1,8	38
75	17,4	0,9	15,5	10,6	2,8	44
76	19,4	1,0	19,1	5,2	1,0	53
77	19,1	1,0	19,1	5,9	1,5	53
78	19,9	0,9	17,7	6,8	1,6	41
79	17,8	0,9	18,4	8,5	1,9	65
80	24,7	1,3	22,2	7,8	1,0	35
81	23,2	1,1	21,0	6,2	0,8	39
82	19,6	1,2	20,6	5,3	0,6	41
83	23,6	1,2	21,1	7,4	1,3	42
84	26,3	1,2	22,0	7,3	1,3	58
85	19,6	1,1	19,3	5,0	1,1	61
86	21,5	1,0	18,7	7,6	1,0	31
87	19,9	0,9	17,8	9,6	1,3	62
88	21,4	0,9	18,1	8,5	1,1	48
89	20,5	0,9	9,1	9,4	2,8	60
90	20,4	1,1	13,6	9,6	2,5	72
91	19,2	1,1	14,2	9,8	2,0	56

Lavoura	N	P	K	Ca	Mg	Produtivida de Relativa
92	18,1	1,0	14,3	8,3	1,9	55
93	17,9	1,0	14,9	8,1	1,8	52
94	18,7	1,3	11,3	11,1	2,9	70
95	18,8	1,2	9,7	10,7	2,7	46
96	17,8	1,0	10,6	9,0	1,9	66
97	18,5	0,9	15,5	8,0	1,4	44
98	19,2	1,0	14,1	11,2	2,7	41
99	17,5	1,0	11,3	9,3	2,1	41
100	19,8	1,0	11,0	10,2	2,2	36
101	20,2	1,0	11,0	11,6	1,4	52
102	20,0	1,0	6,9	12,2	3,9	35
103	17,0	0,8	8,1	11,2	3,7	39
104	19,5	1,0	10,4	10,7	2,3	31
105	18,6	1,0	11,5	8,9	1,3	63
106	17,9	0,7	9,8	6,9	1,1	33
107	19,3	0,8	12,4	8,0	1,6	43
108	19,2	0,9	6,1	9,6	3,5	57
109	17,6	1,0	10,9	8,4	2,3	23
110	15,7	1,0	13,4	7,5	1,6	44
111	17,7	1,0	10,6	12,2	2,9	43
112	16,8	1,0	12,9	10,1	2,2	44

REFERÊNCIAS

CARMO, C. A. F. de S. do; ARAÚJO, W. S. de; BERNARDI, A. C. de C.; SALDANHA, M.F.C. 2000. **Métodos de análise de tecidos vegetais utilizados pela Embrapa Solos**. Rio de Janeiro: Embrapa Solos, 2000. 41 p.

MAIA, C. E.; MORAIS, E. R. C.; OLIVEIRA, M. Nível crítico pelo critério da distribuição normal reduzida: uma nova proposta para interpretação de análise foliar. Campina Grande: **Revista Brasileira de Engenharia Agrícola e Ambiental**, v.5, n.2, p.235-238, 2001.

WADT, P. G. S. ; DIAS, J. R. M. . Premissas para a aplicação do DRIS em espécies florestais e palmeiras. In: Prado, R. M.; Wadt, P. G. S.. (Org.). **Nutrição e Adubação de Espécies Florestais e Palmeiras**. 1ed.Jaboticabal: FUNEP, 2014, v. 1, p. 277-298.

ACERCA DOS AUTORES

Edilaine Istefani Franklin Traspadini: Estudante de Engenharia Agronômica pela Universidade Federal de Rondônia (UNIR).

Paulo Guilherme Salvador Wadt: Engenheiro Agrônomo, D.Sci., Pesquisador Bolsista de Produtividade em Desenvolvimento Tecnológico e Extensão Inovadora do CNPq (Nível 2), pesquisador da Empresa Brasileira de Pesquisa Agropecuária e secretário do Núcleo Regional Amazônia Ocidental da Sociedade Brasileira de Ciência do Solo.

Jairo Rafael Machado Dias: Engenheiro Agrônomo, D.Sci., professor da Universidade Federal de Rondônia.

Raquel Schmidt: Engenheira Agrônoma, mestranda do Programa de Pós-Graduação em Produção Vegetal, da Universidade Federal do Acre.

Daniel Vidal Perez: Engenheiro Agrônomo, D.Sci., Pesquisador Bolsista de Produtividade em Pesquisa do CNPq (Nível 2), pesquisador da Empresa Brasileira de Pesquisa Agropecuária.

www.ingramcontent.com/pod-product-compliance
Lightning Source LLC
Chambersburg PA
CBHW051244170526
45165CB00004B/1567

* 9 7 8 1 5 0 0 9 0 1 7 1 4 *